Bibliografische Information der Deutschen Nationalbibliothek:

Die Deutsche Bibliothek verzeichnet diese Publikation in der Deutschen National-
bibliografie; detaillierte bibliografische Daten sind im Internet über http://dnb.d-
nb.de/ abrufbar.

Impressum:

Copyright © 2018 GRIN Verlag
Druck und Bindung: Books on Demand GmbH, Norderstedt Germany
ISBN: 9783668655089

Dieses Buch bei GRIN:

https://www.grin.com/document/415735

René Rohmann

Brandschutz im Krankenhausbau. Neubau und Sanierung im ungeregelten (NRW) Sonderbau Krankenhaus unter Brandschutzaspekten

GRIN Verlag

Neubau und Sanierung im ungeregelten (NRW) Sonderbau Krankenhaus unter Brandschutzaspekten

Thesis zur Erlangung des Bachelor
of Engineering (B. Eng.)

Technische Hochschule Köln
Fakultät für Bauingenieurwesen und
Umwelttechnik

Studiengang Bauingenieurwesen

Vorgelegt von:

René Marcel Roman Rohmann

Köln den 18.01.2018

Vorwort

Nach Berechnungen des statistischen Bundesamtes wird infolge des demografischen Wandels die Gruppe der 60-Jährigen und Älteren in den kommenden Jahrzehnten stark zunehmen. So werden im Jahr 2030 rund 7,3 Millionen mehr 60-Jährige und Ältere in Deutschland leben als im Jahr 2009. Das entspricht einer Zunahme von 34,5%. Die Wahrscheinlichkeit, dass ältere Menschen pflegebedürftig werden nimmt mit ansteigendem Alter deutlich zu. Im Jahr 2007 waren zum Beispiel rund 31% der über 80-Jährigen pflegebedürftig. (vgl. Statistische Ämter des Bundes und der Länder, 2010, S. 10)

Infolge der Alterung der Bevölkerung ist demnach ein Anstieg der Krankenhausfälle in Deutschland zu erwarten (siehe Abbildung 1)

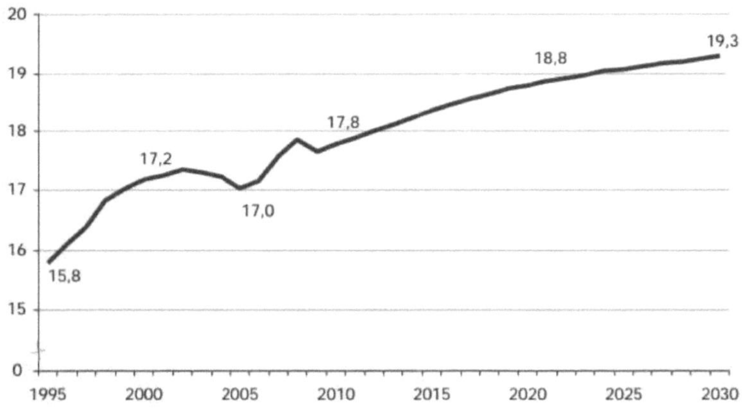

Abbildung 1: Krankenhausfälle 1995 bis 2030 (in Millionen)

Entnommen aus Statistische Ämter des Bundes und der Länder, Demografischer Wandel in Deutschland, Heft 2, 2010

Dazu werden neue medizinische Einrichtungen gebaut und bestehende erweitert. Bei Neubau, Umbau oder Nutzungsänderung ist es wichtig, dass der Brandschutz genau betrachtet wird. Denn:

„Krankenhauseinrichtungen und Pflegeheime sind aus Sicht des Brandschutzes die kritischsten Objekte, die es überhaupt gibt." (Messerer, 01/2009, S. 2)

Immer wieder kommt es zu Bränden in Krankenhäusern. Oft sind Patienten durch ihre körperlichen und/ oder geistigen Einschränkungen nur bedingt in der Lage, sich im Falle eines Brandes selbst zu retten. Laut Deutschem Ärzteblatt (vgl.Fiehn, 2009, S. 3) kam es in den letzten zehn Jahren zu rund 700 nennenswerten Bränden in deutschen Krankenhauseinrichtungen.

Inhaltsverzeichnis

1 Einleitung

Der Brandschutz im Krankenhaus ist ein besonders sensibles Thema. Anders als in sonstigen Gebäuden birgt hier im Brandfall auch das Verlassen des Gebäudes für viele Patienten eine Gefahr, da eine mitunter lebensnotwendige Behandlung unterbrochen bzw. erschwert wird. Hinzu kommt, dass sich im Krankenhaus Personen befinden, die in ihrer Wahrnehmung und ihrer Mobilität aufgrund ihres Krankheitsbildes oder einer medikamentösen Behandlung beeinträchtigt sind (vgl.Reintsema & Hartung, 2000, S. 17). Um Schäden zu vermeiden, ist der Brandschutz im Krankenhaus fester Bestandteil des täglichen Betriebes. Der Brandschutz muss bei Neubauten vorrangiger Teil der Planung sein und bei Altbauten durch Analysen von Brandrisiken und deren Verbesserungen optimiert werden.

Hierbei sind die in Deutschland geltenden Rechtsgrundlagen zu beachten. Schon im Jahr 1954 wurde durch ein Rechtsurteil der Brandschutz als hoheitliche Aufgabe den einzelnen Bundesländern übertragen. Dies hat zur Folge, dass der Brandschutz für Krankenhäuser in Deutschland nicht einheitlich geregelt ist (vgl. Heintz, Rechtsurteil von 16.06.1954, 1992). Die bundesweite Musterbauverordnung dient den Bundesländern als Grundlage für die jeweiligen Landesbauordnungen, ist jedoch nicht immer im Landesrecht umgesetzt worden. So existiert in Nordrhein-Westfahlen beispielsweise keine Verordnung, die den Brandschutz in Krankenhäusern explizit behandelt. Stattdessen werden Krankenhäuser in der Landesbauordnung lediglich allgemein als Sonderbauten eingestuft. Den Krankenhausbetreibern ist es aus rechtlicher Sicht nicht vorgeschrieben über die Regelung von Sonderbauverordnungen hinausgehende brandschutztechnische Vorkehrungen zu treffen. (vgl.KomNet, 2015)

In dieser Bachelorarbeit wird nachfolgend die Problematik einer fehlenden Rechtsgrundlage im Bereich der Neu- und Umbauten von Krankenhäusern im Bundesland Nordrhein-Westfalen beschrieben. Dazu geht es im ersten Teil der Arbeit nach einer kurzen Einleitung in den folgenden Kapiteln 2 und 3 um die rechtliche Einordnung von Krankenhäusern und in Kapitel 4 um deren nutzungsspezifischen Brandrisiken. Der zweite Teil handelt von Brandschutz allgemein und vergleicht in Kapitel 6 allgemeine Brandschutzkonzepte mit Konzepten für den Krankenhausbau. In den abschließenden Kapiteln 7 und 8 wird nochmals die Problematik aufgezählt und mit einer Empfehlung ergänzt.

2 Baurecht in Deutschland

Das Baurecht schafft den rechtlichen Rahmen für komplexe und vielgestaltige Vorgänge des Bauens. Dabei enthält es Vorschriften zur Ordnung der Bebauung und des Bauvorgangs sowie zu den Rechtsverhältnissen der am Bau Beteiligten untereinander. Das Baurecht unterteilt sich in privates Baurecht und öffentliches Baurecht. Das private Baurecht enthält insbesondere Regelungen über die Planung und Herstellung von Bauwerken und regelt Beziehungen rechtlich gleichrangiger Partner auf Grundlage vertraglicher Vereinbarungen. Das öffentliche Baurecht beinhaltet im Wesentlichen die staatliche Lenkung und Regulierung der Handlungs- und Baufreiheit des Einzelnen. Es regelt in erster Linie Rechtsbeziehungen zwischen öffentlicher Gewalt und privatem Bauherrn im Verhältnis von Über- und Unterordnung. Innerhalb des öffentlichen Baurechts wird nochmals zwischen Bauplanungsrecht und Bauordnungsrecht unterschieden. Das Bauordnungsrecht ist in erster Linie Recht der Gefahrenabwehr und darauf gerichtet, den Eintritt von Gefahren zu verhindern, die im Zusammenhang mit der Errichtung und Nutzung von Gebäuden entstehen können.

Eine bundesweite Musterbauordnung dient als Grundlage für die Landesbauordnungen der Bundesländer. In der nordrhein-westfälischen Landesbauordnung (BauO NRW) ist beispielsweise das Bauordnungsrecht in Nordrhein-Westfalen geregelt.

2.1 Die nordrhein-westfälischen Landesbauordnung

Die aktuelle nordrhein-westfälische Landesbauordnung mit Stand vom 09.06.2017 wurde zuletzt am 20. Mai 2014 geändert. In vielen Punkten stimmt diese BauO NRW mit der Musterbauordnung überein. Einige Paragraphen sind inhaltlich identisch, aber an anderer Stelle zu finden.

Grundsätzlich ist die BauO NRW in sieben Teile gegliedert, von denen sich jedoch nur der dritte Teil auf bauliche Anlagen bezieht. In diesem Teil sind die Anforderungen an Bauausführung, Bauprodukte und Bauteile sowie an Haustechnische Anlagen geregelt, um die öffentliche Sicherheit oder Ordnung, insbesondere Leben und Gesundheit, oder natürliche Lebensgrundlage nicht zu gefährden. (vgl. BauO NRW, 2014, §3, Abs. 1)

Gebäude, an die aufgrund ihres Verwendungszweckes oder ihrer Größe spezielle Anforderungen, z.B. im Bereich Brandschutz, gestellt werden müssen, werden in der BauO NRW als Sonderbauten bezeichnet.

Bei der Errichtung, Änderung, dem Abbruch sowie Instandhaltung baulicher Anlagen von Sonderbauten spielt die Bauaufsicht eine elementare Rolle. Die oberste Bauaufsichtsbehörde in NRW ist das für die Bauaufsicht zuständige Ministerium. Die Bezirksregierungen für die kreisfreien Städte und Kreise bilden die obere Bauaufsichtsbehörde. Die kreisfreien Städte und Kreise bilden die untere Bauaufsichtsbehörde.

Diese haben bei bauaufsichtlichen Genehmigungsverfahren für Neubauten, Umbauten und Nutzungsänderungen die Aufgabe der Prüfung des vorbeugenden Brandschutzes. Gerade im Bereich der Sonderbauten müssen häufig spezielle Anforderungen an den Brandschutz gestellt werden. Hierzu wird auch die zuständige Brandschutzdienststelle mit ihren Anliegen im Bereich Brandschutz in beratender Funktion zum Genehmigungsverfahren hinzugezogen.

2.2 Aufhebung der Krankenhausbauverordnung NRW

Die Landesregierung NRW strebte mit dem Ziel einer „Entbürokratisierung" einen deutlichen Abbau von Rechtsvorschriften an. Dazu sollten mehrere Vorschriften in einem Regelwerk zusammengefasst werden oder ersatzlos entfallen. So ist zum 31. Dezember 2009 beispielsweise die Krankenhausbauverordnung (KhBauVO) außer Kraft getreten. Diese regelte in der Vergangenheit den Bau und Betrieb von Krankenhäusern und anderen baulichen Anlagen mit entsprechender Zweckbestimmung. (vgl. Krankenhausbau-Verordnung (KhBauVO), 2009, §1)

Krankenhäuser werden seitdem in „bauliche Anlagen und Räume besonderer Art und Nutzung (Sonderbauten)" als Sonderbauten eingestuft. (vgl. BauO NRW, 2014, §4 Abs 1)

Weiterhin gilt für den Bau und Betrieb von Sonderbauten eine so genannte Sonderbauverordnung (SBauVO). Krankenhäuser sind hier allerdings nicht gesondert geregelt.

In der Praxis ist in Brandschutzkonzepten weiterhin eine so genannte „analoge Betrachtung" nach der KhBauVO üblich. Das bedeutet, dass Brandschutzkonzepte trotzdem hauptsächlich nach der KhBauVO aufgestellt werden, jedoch nicht alle Anforderungen rechtlich eingehalten werden müssen. Daher müssen Abweichungen von der alten KhBauVO nicht mehr als Abweichung beantragt werden. Stattdessen sind Abweichungen nun von der BauO NRW zu beantragen.

Somit wurde die speziell auf Krankenhäuser zugeschnittene Verordnung durch eine gesamtheitlichere Betrachtungsweise in der BauO NRW ersetzt.

Zum Beispiel wurden in der KhBauVO genaue bauliche Anforderungen an die Verhinderung des Brandüberschlages über die Fassade gestellt. In der BauO NRW sind bauliche Anlagen allgemein in §17-Brandschutz geregelt. Konkrete Anforderungen an die Verhinderung des Brandüberschlages über die Fassade bei Sonderbauten gibt es jedoch nicht. Wird nun in der Praxis eine analoge Betrachtung nach KhBauVO vorgenommen, muss die Nichteinhaltung der Anforderungen nicht mehr als Abweichung beantragt werden. Trotzdem muss die Nichteinhaltung aufgezeigt werden und entsprechend über ein ganzheitliches Konzept begründet werden (z.B. flächendeckende Brandfrüherkennung). (Brandschutzconsult Spitthöfer GmbH, 2010)

3 Das Krankenhaus als ungeregelter Sonderbau

3.1 Was ist ein Sonderbau

Laut §2 Abs. 4, Musterbauordnung sind Sonderbauten Anlagen und Räume besonderer Art oder Nutzung. Dazu zählen beispielsweise folgende bauliche Anlagen:

- Bauliche Anlagen mit einer Höhe von mehr als 30m

- Gebäude mit mehr als 1600m² Grundfläche des Geschosses mit der größten Ausdehnung, ausgenommen Wohngebäude und Garagen

- Gebäude mit Räumen, die einzeln für die Nutzung durch mehr als 100 Personen bestimmt sind

- Versammlungsstätten

- Schank- und Speisegaststätten

- Schulen, Hochschulen und ähnliche Einrichtungen

Auch Krankenhäuser und Pflegeeinrichtungen werden hier als Sonderbauten eingestuft. Die Festlegung, welche Bauten konkret als Sonderbauten gelten, ist von Bundesland zu Bundesland unterschiedlich. Die BauO NRW nimmt §2, Absatz 4 der Musterbauordnung nicht auf. Stattdessen gilt in Nordrhein-Westfalen zusätzlich zur BauO NRW die Sonderbauverordnung. Diese regeln in Kombination den Bau und Betrieb von Sonderbauten.

3.2 Arten von Sonderbauten

Sonderbauten lassen sich in geregelte und ungeregelte Sonderbauten unterteilen. Außerdem gibt es noch die sogenannten besonderen Bauten, wie zum Beispiel Garagen und Holzbauten. Da aus Sicht des Gesetzgebers von diesen Bauten eine erhöhte Gefahr ausgeht, werden für sie besondere Anforderungen oder Erleichterungen gestattet. Diese finden sich in den jeweiligen Verordnungen bzw. Richtlinien wieder (Garagenverordnung, Holzbaurichtlinie).

<u>Geregelte Sonderbauten</u>

Als geregelte Sonderbauten werden Sonderbauten bezeichnet, für die spezielle Sonderbauverordnungen existieren. In diesen Verordnungen werden die besonderen Anforderungen sowie Erleichterungen geregelt. Auf Basis von bundesweiten Musterverordnungen erstellen die Bundesländer ihre landeseigenen Verordnungen, die bei Planung und Errichtung baulicher Anlagen zu beachten sind. Zu den geregelten Sonderbauten gehören:

- Hochhäuser

- Versammlungsstätten

- Verkaufsstätten ab 2000 m² Bruttofläche

- Beherbergungsstätten

- Schulen

In einzelnen Bundesländern gehören Krankenhäuser, Heime und sonstige Einrichtungen zur Unterbringung oder Pflege von Personen zu den geregelten Sonderbauten.

<u>Ungeregelte Sonderbauten</u>

Als ungeregelte Sonderbauten werden Sonderbauten bezeichnet, für die keine speziellen Sonderbauverordnungen existieren. Die besonderen Anforderungen und Erleichterungen nach §51 der MBO können somit für das jeweilige Bauvorhaben nur durch individuell zugeschnittene Brandschutzkonzepte oder Brandschutznachweise festgelegt werden. Hierfür kann eine besondere Risikobetrachtung beispielsweise hinsichtlich der Gefahren für bestimmte Nutzer und Personengruppen erforderlich sein. Zu den ungeregelten Sonderbauten zählen:

- Bauliche Anlagen mit einer Höhe > 30m

- Gebäude > 1600m² Grundfläche des Geschosses mit der größten Ausdehnung

- Justizvollzugsanstalten

- Fliegende Bauten

Da in Nordrhein-Westfalen im Jahr 2009 die Krankenhausbauverordnung (KhBauVO) abgeschafft wurde, zählen Krankenhäuser, Heime und sonstige Einrichtungen zur Unterbringung oder Pflege von Personen zu den ungeregelten Sonderbauten.

3.3   Anforderungen der Landesbauordnung NRW an Sonderbauten

In §3 Absatz 1 der BauO NRW werden allgemeine Anforderung zur Errichtung, Änderung und Instandhaltung von baulichen Anlagen gestellt. Damit soll insbesondere Leben, Gesundheit und die natürliche Lebensgrundlage nicht gefährdet werden. Zur Wahrung dieser allgemeinen Anforderungen können an Sonderbauten nach §54 der BauO NRW besondere Anforderungen gestellt werden. Neben besonderen Anforderungen können im Einzelfall auch Erleichterungen gestattet werden.

Zu diesen zählen beispielsweise:

- Abstände von Nachbargrenzen und Anordnung der baulichen Anlagen auf dem Grundstück

- Die Bauart und Anordnung aller für die Standsicherheit, den Brandschutz, den Wärme- und Schallschutz wesentlicher Bauteile

- Brandschutzeinrichtungen und Brandschutzvorkehrungen

- Nachweise über die Nutzbarkeit der Rettungswege im Brandfall

4 Nutzungsspezifische Brandrisiken

4.1 Die spezifischen Eigenschaften von Krankenhäusern

„Die Personen, die sich in einem Krankenhaus aufhalten, kann man in drei Gruppen unterteilen: die Patienten, die Besucher und das medizinische Personal. Die Patienten unterscheiden sich dabei von den anderen beiden Gruppen grundsätzlich in ihrer körperlichen und geistigen Verfassung, was sich auf ihr Wachsamkeits- und Reaktionsvermögen auswirkt" (Peter, 2010)

Patienten suchen Krankenhäuser auf, wenn sie krank sind, weshalb man davon ausgehen kann, dass sie körperlich und / oder geistig einer gewissen Beeinträchtigung unterliegen. Dabei kann es sich von Patienten mit leichten Einschränkungen, die sich nur für eine ambulante Untersuchung/ Behandlung oder zur Beobachtung im Krankenhaus aufhalten, bis hin zu Patienten mit schwersten Beeinträchtigungen handeln.

Für alle Patienten gilt dabei gleichermaßen, dass sie sich in einer ungewohnten Umgebung aufhalten und sich in einem Zustand der Unsicherheit bis hin zur Hilflosigkeit befinden. Bei einigen von ihnen sind auch die Sinneswahrnehmungen eingeschränkt oder sie können sich nicht frei bewegen und sind deshalb auf Hilfe angewiesen.

Zusammenfassend handelt es sich bei Patienten also um pflegebedürftige Personen, die wegen ihrer körperlichen oder geistigen Beeinträchtigungen im Falle eines Brandes aufgrund ihrer eingeschränkten oder nicht vorhandenen Fähigkeit sich selbst zu retten einem erhöhten Risiko ausgesetzt sind (vgl. Bachmeier, Vorbeugender baulicher Brandschutz, 2012, S 7).

Weiterhin ist zu beachten, dass sich der Betrieb von Krankenhäusern sowohl tags als auch nachts maßgeblich unterscheidet. Am Tage ist sehr viel medizinisches Personal anwesend und zeitweise halten sich auch viele Besucher im Gebäude auf. Ein Brand würde tagsüber vermutlich schnell entdeckt werden, die ortsunkundigen Besucher müssten sich jedoch selbst in Sicherheit bringen, da das Personal mit der Räumung der gefährdeten Patienten zu tun hat. Die Besucher können aufgrund ihrer mangelnden Ortskunde jedoch auch Hilfe beim Verlassen des Gebäudes benötigen. (vgl.Peter, 2010)

Nachts befinden sich normalerweise keine Besucher im Gebäude und die Zahl des anwesenden medizinischen Personals ist erheblich reduziert, ohne eine zuverlässige Detektionsmöglichkeit könnte es daher längere Zeit dauern bis ein Brand bemerkt wird. Durch die geringe Zahl an Pflegekräften muss nachts davon ausgegangen werden, dass eine Pflegekraft bei einem Brand in den ersten Minuten auf sich allein gestellt ist.

Abgesehen hiervon gibt es in Krankenhäusern auch Bereiche, in denen eine Evakuierung nur sehr schwer möglich ist oder nahezu unmöglich sein kann, das betrifft insbesondere Operations-, Intensiv- und Entbindungsbereiche.

4.2 Brandgefahren und Brandauswirkungen im Krankenhaus

Eine hohe Anzahl an Technikräumen, eine hohe Installationsdichte und die daraus resultierende hohe Anzahl an elektrischen und elektronischen Geräten stellen eine im Vergleich zu anderen Gebäuden erhöhte Brandgefahr dar. Im Krankenhaus befinden sich zudem viele Brandlasten wie Lagerräume für Wäsche, Verbrauchsgüter und Abfall. Bereiche mit brennbaren Flüssigkeiten und Gasen wie zum Beispiel im Labor, in Gaszentralen oder in der Küche stellen ebenfalls eine Brandgefahr dar.

Auswirkungen eines Brandes können giftiger Rauch und Verbrennungen sein, wobei hier aufgrund der vorher beschriebenen schwierigen Evakuierung eine erhöhte Gefahr besteht. Außerdem auftreten können Brandschäden und daraus resultierende Sekundärschäden wie zum Beispiel ein Ausfall von Beatmungsgeräten.

4.3 Konsequenzen der nutzungsspezifischen Eigenschaften von Krankenhäusern

Personen im Krankenhaus sind sowohl aufgrund ihrer krankheitsbedingten Beeinträchtigungen, als auch aufgrund der im Krankenhaus besonderen Brandgefahren und Brandauswirkungen, einer erhöhten Gefahr ausgesetzt. Dies muss bei der Risikobewertung berücksichtigt werden.

Der Krankenhausbetreiber hat deshalb ganz besonders für die Sicherheit der Patienten und seiner baulichen Anlage zu sorgen. Die Rettung der Patienten im Gefahrenfall muss daher durch brandschutztechnische Maßnahmen sichergestellt werden.

5 Brandschutz

Unter dem Begriff Brandschutz versteht man alle Maßnahmen zur Verhinderung von Bränden und zur Verminderung von Brandschäden bei aufgetretenen Bränden (vgl.Bock&Klement, 2011, S. 5)

Der Brandschutz gliedert sich, wie in Tabelle 1 dargestellt, in vorbeugende und abwehrende Maßnahmen auf (Bock&Klement, 2011, S. 5)

Brandschutz			
Vorbeugender Brandschutz			Abwehrender Brandschutz
Baulicher Brandschutz	Anlagentechnischer Brandschutz	Organisatorischer Brandschutz	Feuerwehr

Tabelle 1 Gliederung des Brandschutzes

Entnommen aus: Eigene Darstellung

Für den Brandschutz sind insbesondere folgende Rechtsquellen heranzuziehen:

- BauONRW

- SBauVO

- BHKG (Brandschutz-, Hilfeleistungs- und Katastrophenschutzgesetz)

Sowie diverse technische Regelwerk und Richtlinien:

- Lüftungs- und Leitungsrichtlinien

- Rauch- und Wärmefreihaltung

- Bandverhalten von Baustoffen und Bauteilen sowie Aufzüge und anderen technischen Anlagen

- uvm.

Vorbeugender Brandschutz

Der vorbeugende Brandschutz befasst sich mit allen baulichen, technischen und organisatorischen Bereichen des Brandschutzes. Die Grundanforderungen an den Brandschutz werden in den jeweiligen Bauordnungen der Länder definiert. Als „Generalklausel" des vorbeugenden Brandschutzes hat sich § 14 Brandschutz der Musterbauordnung (MBO) etabliert.

Der § 14 MBO fordert:

„Bauliche Anlagen sind so anzuordnen, zu errichten, zu ändern und instand zu halten, dass der Entstehung eines Brandes und der Ausbreitung von Feuer und Rauch (Brandausbreitung) vorgebeugt wird und bei einem Brand die Rettung von Menschen und Tieren sowie wirksame Löscharbeiten möglich sind." (Musterbauordnung, 2002, S. §14)

Diese „Generalklausel" bildet die Grundlage für den gesamten vorbeugenden Brandschutz und enthält gleichzeitig eine Gliederung für die erforderlichen Maßnahmen in der Praxis. Diese Maßnahmen sind:

- Entstehung von Bränden vorbeugen

- Ausbreitung von Feuer und Rauch vorbeugen

- Rettung von Menschen und Tieren ermöglichen

- Wirksame Löscharbeiten ermöglichen

Zum besseren Verständnis werden in den folgenden Absätzen die im §14, MBO die Begriffe Anordnen, Errichten, Ändern und Instandhalten aus der „Generalklausel" des baulichen Brandschutzes ausführlich erläutert.

Anordnen

Das Anordnen des Gebäudes auf dem Grundstück ist ein wesentlicher Faktor im Brandschutz. Durch Abstand zu Nachbargrundstücken kann die Brandausbreitung entscheidend beeinflusst werden. Weiterhin müssen die Zufahrten und Zuwege der Rettungskräfte festgelegt werden. Zum Anordnen gehört außerdem der Schutz der Rettungskräfte, wie z.B. Abstände zu Stromleitungen, Bahnstrecken oder weiteren Gefahrenpunkten. In der jeweiligen Landesbauordnung werden diese Anforderungen genauer definiert (vgl.Bachmeier, Vorbeugender baulicher Brandschutz, 2012, S. 17)

<u>Errichten</u>

Beim Errichten des Gebäudes müssen Anforderungen an Qualität und Statik der Bauteile gestellt werden. Es kann Einfluss auf die Baustoffe, die Bauteile und die Gestaltung des Grundrisses genommen werden. Leicht entflammbare Baustoffe dürfen bei der Errichtung beispielsweise nicht verwendet werden.

<u>Ändern</u>

Ein Gebäude muss nicht nur bei Fertigstellen alle Punkte der Baugenehmigung erfüllen, sondern während seiner gesamten Lebenszeit. Durch Änderungen der Bausubstanz, beispielsweise durch Veränderungen von Wänden, kann der Brandschutz erheblich beeinträchtigt werden. Daher sind Nutzungsänderungen und bauliche Änderungen unbedingt mit der Bauaufsichtsbehörde, eventuell unter Hinzuziehung der für den Brandschutz verantwortlichen Behörde, abzustimmen. Damit sollen Brandkatastrophen der Vergangenheit, die häufig Ursache nicht genehmigter Änderungen der Bausubstanz und Nutzung waren, verhindert werden (vgl.Bachmeier, Vorbeugender baulicher Brandschutz, 2012, S. 17).

<u>Instandhalten</u>

Zum Instandhalten des Gebäudes gehören bauliche wie auch technische Maßnahmen, beispielsweise die Wartung und Überprüfung der Brandmeldeanlagen (BMA) und der Sprinkleranlage, die Erneuerung des Deckenputzes von feuerhemmender Qualität sowie die Reparatur von Brand- und Rauchschutztüren (vgl.Bachmeier, Vorbeugender baulicher Brandschutz, 2012, S. 17).

§14 der MBO wurde sinngemäß in alle Länderbauordnungen übernommen und ist in der BauO NRW unter § 17 zu finden. Hier sind allerdings Maßnahmen zur Einhaltung des Brandschutzes konkreter ausformuliert. Im Absatz 3 wird beispielsweise die Anzahl, Anordnung und Ausführung von Rettungswegen vorgegeben. Auch der Einbau leicht entflammbarer Baustoffe wird verboten. Außerdem sind bei Blitzschlag-anfälligen baulichen Anlagen dauerhafte Blitzschutzanlagen vorgesehen.

<u>**Baulicher Brandschutz**</u>

„Unter baulichem Brandschutz versteht man alle Maßnahmen, die allein durch die richtige Anordnung und Ausführung des Baus, zur Erreichung der Schutzziele im Brandschutz dienen" (Bock&Klement, 2011, S. 7)

Abbildung 2: Ziel des Brandschutzes

Entnommen aus: Bock und Klement, 2011, S.42

Ein Brandschutzkonzept stellt die Anforderungen an den baulichen Brandschutz systematisch dar. Dazu zählen alle Brandschutzmaßnahmen, die im Zusammenhang mit Errichtung und/oder Änderung baulicher Anlagen bestimmt werden. Die Betrachtungsweise erfolgt dabei vom Groben ins Detail. Die Brandschutzziele werden im Zuge der Planungsphasen von der Gebäudeanordnung auf dem Grundstück (Erschließung mit Löschwasser) über Brand- und Rauchabschnitte durch konstruktive Anordnungen (Brandabschnitt → Brandwände) bis hin zu geeigneten Baustoffen in den erforderlichen Bereichen umgesetzt. Der bauliche Brandschutz bestimmt somit durch Konstruktion, Auswahl der Bauteile und Baustoffe wesentlich den Brandschutz des Gebäudes. Die

Grundlagen zum Brandverhalten von Baustoffen und Bauteilen finden sich in der DIN EN 4102-1. Sie werden ergänzt durch Normen und Zertifizierungen der einzelnen Baustoffe.

<u>Anlagentechnischer Brandschutz</u>

Anlagentechnischer Brandschutz dient zur Ergänzung des baulichen Brandschutzes. Technische Maßnahmen sollen immer dort eingesetzt werden, wo bauliche Maßnahmen nicht ausreichen oder erhöhte Brandgefahren zu erwarten sind. Gerade in älteren Gebäuden mit baulichen Brandschutzmängeln können durch technische Einrichtungen Gefahren vermindert werden. Der anlagentechnische Brandschutz gliedert sich in Maßnahmen der technischen Gebäudeausrüstung und Maßnahmen durch technische Einrichtungen und Anlagen. Zu den Brandschutzmaßnahmen gehören z.B. Brandschutzklappen, Entrauchungs- und Alarmierungsanlagen, Brandbekämpfungseinrichtungen (Feuerlöscher, Steigleitungen, etc.) sowie Ersatzstrom- und Löschwasservorrichtungen.

<u>Organisatorischer Brandschutz</u>

Der organisatorische Brandschutz ist betrieblich organisiert. Ihm kommt eine Schlüsselrolle zu, da ohne organisatorische Maßnahmen auch Probleme im baulichen und anlagetechnischen Brandschutz auftreten können. In der DIN 14011 – Begriffe aus dem Feuerwehrwesen wird der betriebliche Brandschutz, wie folgt beschrieben:

> *„Gesamtheit aller Maßnahmen eines Betriebes zur Verhinderung eines Brandausbruches und einer Brandausbreitung, zur Sicherung der Rettungswege, zur Durchführung erster Selbsthilfemaßnahmen bei einem Brand sowie zur Unterstützung der Feuerwehr."* (DIN14011, 2012, S. 22)

Zu den organisierten Brandschutzmaßnahmen gehört neben der Aufstellung von Evakuierungskonzepten und Brandschutzplänen auch das Erstellen und Aufhängen von Flucht- und Rettungswegeplänen. Auch die Benennung von Brandschutz- und Evakuierungshelfern für Instandhaltungs- und Wartungsarbeiten sowie eine jährliche Belehrung der Belegschaft durch die Brandschutzbeauftragte gehören dazu.

<u>**Abwehrender Brandschutz**</u>

Der abwehrende Brandschutz wird immer dann aktiv, wenn ein Brand ausgebrochen ist. Er beinhaltet passive und aktive Maßnahmen, um direkte und indirekte Schäden zu reduzieren. Den abwehrenden Brandschutz stellen im Normalfall in Deutschland die örtlichen Feuerwehren sicher. Dabei ist es unerheblich ob dies eine Berufs- oder Freiwillige Feuerwehr ist. Bei Anlagen und Gebäuden, von denen eine große Gefahr ausgeht, kann eine Werkfeuerwehr für den abwehrenden Brandschutz gefordert werden. Werkfeuerwehren werden speziell für ihre Gefahren aufgestellt. Die Aufgaben der Feuerwehren werden im jeweiligen Feuerwehr- oder Brandschutzgesetz der Länder definiert.

5.1 Schutzziele

Schutzziele sind Ziele, die beim Erstellen eines Brandschutzkonzeptes beachten werden müssen. Sie resultieren aus den Interessenslagen von Gesetzgeber, Versicherer und Betreiber/Nutzer. Schutzziele sind laut Definition der Arbeitsgemeinschaft der Leiter der Berufsfeuerwehren (AGBF) das mindestens zu erreichende Sicherheitsniveau. Dabei spielen für die Gefahrenabwehr folgende Faktoren eine entscheidende Rolle: (Forplan, 2017)

- Zeit: Eintreffen und Beginn der Einheiten zur Gefahrenabwehr → Hilfsfrist

- Stärke: → Mindesteinsatzstärke

- Umfang: → Erreichungsgrad

Sowie die Schutzziele nach ihrer Priorisierung:

1. Menschen retten (Nutzer, Besucher, Rettungs- und Löschkräfte)

2. Tiere, Sachwerte und Umwelt schützen (Schutz von Kulturgütern [Denkmälern und Nachbargebäuden]

3. Ausbreitung des Schadens verhindern (Schutz der Bausubstanz und dessen wertvolle Inhalte)

Das oberste Schutzziel ist der Personenschutz, d. h. der Schutz insbesondere von Leben und Gesundheit der Nutzer, Besucher sowie Rettungs- und Löschkräften einer baulichen Anlage sicherzustellen. Dieses oberste Ziel leitet sich aus Artikel 2 des Grundgesetzes ab, in dem das Recht des Einzelnen auf körperliche Unversehrtheit festgelegt wird. Dies setzt der Gesetzgeber durch Bauvorschriften und Grundsatzanforderungen, wie beispielsweise in §3, BauO NRW-Allgemeine Anforderungen um. Dort heißt es:

„Anlagen sind so anzuordnen, zu errichten, zu ändern und instand zu halten, dass die öffentliche Sicherheit und Ordnung, insbesondere Leben, Gesundheit und die natürliche Lebensgrundlage, nicht gefährdet werden." (BauONRW, 2014, S. §3)

Eine Hauptgefahr für die öffentliche Sicherheit und Ordnung ist die Brandgefahr. Die der Wahrung dieser Belange dienenden allgemeinen anerkannten Regeln der Technik sind zu beachten. Von diesen Regeln kann abgewichen werden, wenn eine andere Lösung in gleicher Weise die o.g. Schutzziele erreicht.

Im Hinblick auf den baulichen Brandschutz formuliert die Bauordnung NRW die Schutzziele derart, dass unter Berücksichtigung:

-   der Brennbarkeit der Baustoffe

-   der Feuerwiderstandsdauer der Bauteile (ausgedrückt in Feuerwiderstandsklassen)

-   der Dichtheit der Verschlüsse von Öffnungen

-   der Anordnungen von Rettungswegen

bauliche Anlagen so beschaffen sein müssen, dass der Entstehung eines Brandes und der Ausbreitung von Feuer und Rauch vorgebeugt wird. Außerdem ist im Brandfall der abwehrende Brandschutz durch die Feuerwehr (wirksame Löscharbeiten) zu ermöglich (vgl. §17 Absatz 1, BauO NRW).

Ergänzend zu den allgemeinen Anforderungen gelten auch besondere Anforderungen nach §54 BauO NRW. Diese erstrecken sich insbesondere auf

-   die Bauart aller für die Standsicherheit und den Brandschutz wesentlichen Bauteile

-   Brandschutzeinrichtungen und Brandschutzvorkehrungen, die Anordnung und Herstellung z.B. von Aufzügen, Treppen, Ausgängen, sonstige Rettungswege, etc.

-   die Lüftung

- die Beleuchtung und Energieversorgung

- die Löschwasserversorgung und Rückhalteanlagen

- die Bestellung einer oder eines Brandschutzbeauftragten

- die Pflicht der Erstellung eines Brandschutzkonzept

(vgl. §54 Abs. 2, BauO NRW)

Diese Aufzählung verdeutlicht, dass der Brandschutz viele unterschiedliche Aspekte umfasst, die nur in ihrer Gesamtheit die Sicherheit von Menschen gewährleisten können. Aus diesem Grund darf keine Brandschutzmaßnahme für sich isoliert betrachtet werden, denn nur die Summe aller Maßnahmen führt zum Erfolg.

<u>Besondere Schutzziele</u>

Zu den genannten öffentlich-rechtlichen Schutzzielen gibt es weitere sogenannte besondere Schutzziele. Diese müssen im Einzelfall geprüft und vom Eigentümer oder Nutzer als privatrechtliche Schutzziele ausgegeben werden. Dazu zählen beispielsweise:

- Schutz der Bausubstanz (Denkmalschutz)

- Schutz von kulturellem Erbe (Inhalte eines Gebäudes)

- Schutz des laufenden Betriebs (Datensicherung, Betriebsausfälle)

Die Vorgaben sind im Baurecht nicht vorgesehen und müssen gesondert vereinbart werden. Die sich daraus ergebenen notwendigen oder zweckmäßigen Brandschutzmaßnahmen hängen stark von den Ansprüchen des Nutzers ab, sollen aber immer mit Hinblick auf Objektivität, Neutralität und besonders Wirtschaftlichkeit geplant und ausgeführt werden. Im privatrechtlichen Bereich sind die vielfältigen Schutzinteressen mit verschiedenen Konzepten (zwischen Versicherer und Versicherungsnehmer mit Unterschieden in der schutztechnischen und finanziellen Vorsorge vereinbart) abgedeckt. Im öffentlich-rechtlichen Bereich besteht dagegen durch die Landesbauordnungen eine verbindliche gesetzliche Grundlage. Sie wird ergänzt durch die allgemein anerkannten Regeln der Technik, die unter Beteiligung aller betroffenen Kreise entwickelt worden sind (vgl. Vismann, 2012).

5.2 Brandschutzkonzepte

Ein Brandschutzkonzept setzt sich aus den Einzelmaßnahmen des vorbeugenden baulichen sowie anlagentechnischen Brandschutzes, des organisatorischen betrieblichen Brandschutzes sowie des abwehrenden Brandschutzes zusammen (vgl. Kapitel 5).

Unter Einbeziehung der Nutzung, des Brandrisikos und des zu erwartenden Schadenausmaßes werden die Einzelmaßnahmen und ihre Verknüpfung bezugnehmend auf die Schutzziele im Brandschutzkonzept beschrieben.

Aufgrund der steigenden Komplexität und Größe der Bauwerke kommt es immer wieder zu Abweichungen der rechtlichen Regelungen. Diese Abweichungen müssen festgestellt und begründet werden. Insbesondere wegen dieser Unterschiede muss zur Umsetzung der Schutzziele besonderer Wert auf das Gesamtzusammenspiel aller brandschutztechnischen Maßnahmen gelegt werden (vgl. vfdb, 1999, S. 1).

Jedes Brandschutzkonzept muss auf den Einzelfall abgestimmt sein. Mit Hilfe von Ingenieurmethoden des Brandschutzes können bei Abweichungen von den Brandschutzanforderungen nach Bauordnungsrecht beispielsweise Brandszenarien bzw. Bemessungsbrände ermittelt werden, um für die Einhaltung der geforderten Schutzziele zu sorgen.

Der Bauherr / Betreiber des Gebäudes wendet das Brandschutzkonzept als Grundlage der Planung und Nutzung des Gebäudes sowie zur Organisation des betrieblichen Brandschutzes an.

<u>Wann ist ein Brandschutzkonzept gefordert und wann greift der Bestandschutz?</u>

Für Sonderbauten werden Brandschutzkonzepte zwingend vorgeschrieben, um eine Baugenehmigung zu erwirken. Dies gilt sowohl für Neubauten als auch für genehmigungsrelevante Umnutzungen und Umbaumaßnahmen bei Änderung der Nutzung.

Die Notwendigkeit eines Brandschutzkonzeptes ist nicht abhängig von der Größe des Gebäudes. Nur die Einordnung in einen Sonderbau ist hier maßgebend. Es ist auch möglich, dass mehrere Sonderbautypen (vgl. Kapitel 3.2) auf ein Gebäude zutreffen.

Bestandschutz bedeutet, dass der Nutzer / Betreiber einer materiell rechtlichen legalen baulichen Anlage das Recht hat, diese in ihrem Bestand zu erhalten und wie bisher zu nutzen.

Bei Bestandsgebäude, die nicht den aktuellen Vorschriften der BauO NRW entsprechen, kann eine Anpassung an die aktuellen Vorschriften verlangt werden, wenn Gefahr im Verzug ist, d.h. wenn im Einzelfall Leben oder Gesundheit in Gefahr sind (vgl. BauO NRW, §89 - 1).

Wenn bauliche Anlagen wesentlich geändert werden, kann gefordert werden, dass auch die nicht unmittelbar berührten Teile der Anlage mit der BauO NRW in Einklang gebracht werden. Voraussetzung dafür ist, dass die nicht mehr vorschriftsgemäßen Bauteile mit den Änderungen in einem konstruktiven Zusammenhang stehen und der Mehraufwand für die Durchführung nicht unverhältnismäßig groß wird (vgl. BauO NRW §89, Abs. 2).

Da demnach nicht eindeutig geregelt ist, wie groß der Eingriff in eine Struktur sein muss, damit der Bestandsschutz erlischt, muss jedes Gebäude als Einzelfall betrachtet und bewertet werden. Dabei muss immer die Verhältnismäßigkeit der Mittel gewahrt werden. So gibt es zum Beispiel häufig Ersatzmaßnahmen im anlagentechnischen Brandschutz, die fehlende bauliche Anforderungen ausgleichen können. In jedem Fall muss das bestehende Gebäude mindestens demselben brandschutztechnischen Zustand entsprechen, der bei der ursprünglichen Genehmigung gefordert wurde (vgl. Fischer, 2004, S. 81-94).

6 Vergleich eines allgemeinen Brandschutzkonzeptes mit einem Brandschutzkonzept für die Krankenhausplanung

Zur besseren Übersicht der zuvor genannten allgemeinen Regelungen von Schutzzielen in Form des baulichen, technischen, organisatorischen und abwehrenden Brandschutzes, werden nachfolgend konkrete Beispiele aufgezeigt. Dies erfolgt in der Gegenüberstellung eines allgemeinen Brandschutzkonzeptes und eines Brandschutzkonzeptes für die Krankenhausplanung. Allgemein werden die gesetzlichen Anforderungen der BauO NRW betrachtet und mit denen in der Praxis verwendeten Anforderungen bei der Brandschutzkonzepterstellung für ein Krankenhaus verglichen.

6.1 Das allgemeine Brandschutzkonzept für den Hochbau

Brandschutzkonzepte sind grundsätzlich in die Abschnitte Einleitung, Objektbeschreibung, Baurechtliche Einordnung und Brandschutzmaßnahmen unterteilt.

In der Einleitung wird zunächst der Anlass und Beauftragungsgrund für das Brandschutzkonzept genannt. Dieser Abschnitt enthält Informationen über Auftragnehmer, Auftraggeber, Liegenschaft und erforderliche Nachweise. Außerdem werden übergebene Unterlagen (Bestandspläne) und Ortstermine schriftlich festgehalten.

Im nachfolgenden Abschnitt wird neben Lage und Erschließung auch die Bauweise und Nutzung des Gebäudes beschrieben. Dabei wird auf die Punkte wie z.B. Grundfläche, Geschosszahl und -höhe, Gebäudealter sowie auf bereits vollzogene Änderungen eingegangen.

Anschließend erfolgt eine baurechtliche Einordnung anhand gesetzlicher Bestimmungen. In Brandschutzkonzepten für Bestandsgebäude erfolgt dies in Form eines Soll / Ist Vergleichs, bei dem die Abweichungen von den Vorschriften der BauO NRW aufgezeigt werden. Für Neubauten werden die geforderten Schutzziele der BauO NRW auf Basis einer Risikobewertung aufgestellt.

Im letzten Abschnitt werden Maßnahmen zur Verhinderung der Brandentstehung bzw. zur Begrenzung der Auswirkung eines Brandes auf ein geringes Maß beschrieben. Diese Maßnahmen richten sich nach §9 der Bauprüfverordnung (BauPrüfVO), auf die bei der Erstellung und Vorlage eines genehmigungspflichtigen Brandschutzkonzeptes eingegangen werden muss. Dabei geht es insgesamt um 18 Punkte. Nachfolgend werden einige aufgezählt und einzelne Anforderungen aufgelistet.

1.) Zu- und Durchfahrten sowie Aufstell- und Bewegungsflächen für die Feuerwehr

Gefordert nach §5 der BauO NRW:

- Zu- und Durchfahrt: mindestens 3m breit und 3,5m hoch

- Wände und Decken der Durchfahrt in F90 / F90-AB

2.) das System der äußeren und der inneren Abschottungen in Brandabschnitte bzw. Brandbekämpfungsabschnitte sowie das System der Rauchabschnitte mit Angaben über die Lage und Anordnung und zum Verschluss von Öffnungen in abschottenden Bauteilen

Gefordert nach §32, BauO NRW:

- Gebäude sind in maximal 40m lange Brandabschnitte zu unterteilen

3.) Lage, Anordnung, Bemessung (ggf. durch rechnerischen Nachweis) und Kennzeichnung der Rettungswege auf dem Baugrundstück und in Gebäuden mit Angaben zur Sicherheitsbeleuchtung, zu automatischen Schiebetüren und zu elektrischen Verriegelungen von Türen

Gefordert nach §37, BauO NRW:

- Von jedem Aufenthaltsraum muss mindestens ein notwendiger Treppenraum oder ein Ausgang ins Freie in höchstens 35m Entfernung erreichbar sein

4.) höchstzulässige Zahl der Nutzer der baulichen Anlage

- In der BauO NRW nicht konkret geregelt, nur §54 Sonderbauten weist auf mögliche besondere Anforderungen bezüglich der Nutzerzahl hin

5.) Lage und Anordnung der Lüftungsanlagen mit Angaben zur brandschutztechnischen Ausbildung

- In §42, BauO NRW werden allgemeine Anforderungen an Lüftungsanlagen gestellt (betriebssicher, nicht brennbare Materialen, dürfen Gerüche und Staub nicht in andere Räume übertragen).

6.) Lage, Anordnung und Bemessung der Rauch- und Wärmeabzugsanlagen mit Eintragung der Querschnitte bzw. Luftwechselraten sowie der Überdruckanlagen zur Rauchfreihaltung von Rettungswegen

<u>Gefordert nach §37, BauO NRW:</u>

- Rauchabzugsanlage an oberster Stelle von notwendigen Treppenräumen bei Gebäuden mit mehr als fünf Vollgeschossen oberhalb der Geländeoberfläche

7.) Alarmierungseinrichtungen und die Darstellung der elektro-akustischen Alarmierungsanlage

- In der BauO NRW nicht geregelt

8.) Lage, Anordnung und ggf. Bemessung von Anlagen, Einrichtungen und Geräten zur Brandbekämpfung (wie Feuerlöschanlagen, Steigleitungen, Wandhydranten, Schlauchanschlussleitungen, Feuerlöschgeräte) mit Angaben zu Schutzbereichen und zur Bevorratung von Sonderlöschmitteln

- In der BauO NRW nicht geregelt

9.) Sicherheitsstromversorgung mit Angaben zur Bemessung und zur Lage und brandschutztechnischen Ausbildung des Aufstellraumes, der Ersatzstromversorgungsanlagen (Batterien, Stromerzeugungsaggregate) und zum Funktionserhalt der elektrischen Leitungsanlagen

- In der BauO NRW nicht geregelt

10.) Lage und Anordnung von Brandmeldeanlagen mit Unterzentralen und Feuerwehrtableaus, Auslösestellen

- In der BauO NRW nicht geregelt

6.2 Brandschutzkonzepte für Krankenhäuser

Brandschutzkonzepte für Krankenhäuser haben grundsätzlich den gleichen Aufbau wie allgemeine Brandschutzkonzepte. Sie werden allerdings durch einige Punkte ergänzt. Dazu gehören z.B. Evakuierungs- und Rettungswegekonzepte sowie Ergänzungen der gesetzlichen Schutzziele nach BauO NRW. Hier wird in der Praxis vordergründig noch auf die Regelungen aus der in 2009 außer Kraft getretenen KhBauVO NRW zurückgegriffen. Nachfolgend werden einige wichtige Ergänzungen im Vergleich zu den in Kapitel 6.1 aufgeführten der BauO NRW ausgeführt:

1.) Zu- und Durchfahrten sowie Aufstell- und Bewegungsflächen für die Feuerwehr

<u>Nach analoger Betrachtung von §4, KhBauVO:</u>

- Zusätzliche Erweiterung der Durchfahrt einen 1m breiten Fluchtweg als Gehsteig

2.) das System der äußeren und der inneren Abschottungen in Brandabschnitte bzw. Brandbekämpfungsabschnitte sowie das System der Rauchabschnitte mit Angaben über die Lage und Anordnung und zum Verschluss von Öffnungen in abschottenden Bauteilen

<u>Forderung aus §10, KhBauVO:</u>

- Maximal 50m lange Brandabschnitte

→ Ist eine Brandabschnittslänge von z.B. 45m aus funktionalen Gründen zwingend erforderlich, muss eine Abweichung von der BauO NRW nach §73 beantragt und geeignete Kompensationsmaßnahmen (z.B. flächendeckende automatische Brandmeldeanlage) ergriffen werden.

3.) Lage, Anordnung, Bemessung (ggf. durch rechnerischen Nachweis) und Kennzeichnung der Rettungswege auf dem Baugrundstück und in Gebäuden mit Angaben zur Sicherheitsbeleuchtung, zu automatischen Schiebetüren und zu elektrischen Verriegelungen von Türen

<u>Forderung aus §12, KhBauVO:</u>

- Von jedem Aufenthaltsraum muss mindestens ein notwendiger Treppenraum oder ein Ausgang ins Freie in höchstens 30m Entfernung erreichbar sein

➔ Befindet sich ein Ausgang ins Freie beispielsweise 33m entfernt von einem Aufenthaltsraum, so ist nach analoger Betrachtung der KhBauVO darauf hinzuweisen und ggfs. Maßnahmen zu ergreifen. Es muss jedoch keine Abweichung von der KhBauVO beantragt werden.

4.) höchstzulässige Zahl der Nutzer der baulichen Anlage

➔ Da nicht in der BauO NRW geregelt, erfolgt eine analoge Betrachtung nach der KhBauVO

5.) Lage und Anordnung der Lüftungsanlagen mit Angaben zur brandschutztechnischen Ausbildung

➔ Allgemeine Betrachtung nach BauO NRW nicht ausreichend ➔ daher erfolgt eine analoge Betrachtung nach §22, KhBauVO

(z.B. darf zwischen OP-Einheiten kein Luftaustausch stattfinden, Lüftung im OP muss im Brandfall autark betrieben werden)

6.) Lage, Anordnung und Bemessung der Rauch- und Wärmeabzugsanlagen mit Eintragung der Querschnitte bzw. Luftwechselraten sowie der Überdruckanlagen zur Rauchfreihaltung von Rettungswegen

<u>Forderung nach §15(3), KhBauVO:</u>

- Rauchabzugsanlage an oberster Stelle von notwendigen Treppenräumen bei Gebäuden mit mehr als zwei Vollgeschossen oberhalb der Geländeoberfläche

➔ Eine Abweichung ist nicht zu beantragen. Es sind jedoch geeignete Maßnahmen zu ergreifen.

7.) Alarmierungseinrichtungen und die Darstellung der elektro-akustischen Alarmierungsanlage

- Da in der BauO NRW nicht geregelt, allerdings für den Kranken-
  hausbetrieb wichtig, erfolgt eine analoge Betrachtung nach §25,
  KhBauVO (Alarmierungskonzepte für verschiedene Nutzungseinhei-
  ten im Krankenhaus, z.B. lauter akustischer Alarm, Sprachdurchsage,
  optischer Alarm im OP)

8.) Lage, Anordnung und ggf. Bemessung von Anlagen, Einrichtungen und Geräten zur
Brandbekämpfung (wie Feuerlöschanlagen, Steigleitungen, Wandhydranten,
Schlauchanschlussleitungen, Feuerlöschgeräte) mit Angaben zu Schutzbereichen und
zur Bevorratung von Sonderlöschmitteln

- Da in der BauO NRW nicht geregelt, allerdings für den Kranken-
  hausbetrieb wichtig, erfolgt eine analoge Betrachtung nach §25(1),
  KhBauVO (Feuerlöscher mit 6kg Löschmittelinhalt je Pflegeeinheit
  sowie weitere Feuerlöscher in Räumen mit erhöhter Brand- und Ex-
  plosionsgefahr)

9.) Sicherheitsstromversorgung mit Angaben zur Bemessung und zur Lage und brandschutztechnischen Ausbildung des Aufstellraumes, der Ersatzstromversorgungsanlagen (Batterien, Stromerzeugungsaggregate) und zum Funktionserhalt der elektrischen Leitungsanlagen

- Da in der BauO NRW nicht geregelt, allerdings für den Kranken-
  hausbetrieb wichtig, erfolgt eine analoge Betrachtung nach §19,
  KhBauVO (Zur Aufrechterhaltung des Krankenhausbetriebes bei
  Ausfall der allgemeinen Stromversorgung, müssen diverse Einrichtungen mindestens 24 Stunden weiter betrieben werden können)

10.) Lage und Anordnung von Brandmeldeanlagen mit Unterzentralen und Feuerwehrtableaus, Auslösestellen

- Da in der BauO NRW nicht geregelt, allerdings für den Kranken-
  hausbetrieb wichtig, erfolgt eine analoge Betrachtung nach §25 (3),
  KhBauVO (Feuermeldeeinrichtungen erforderlich)

7 Brandschutzkonzepte für Krankenhäuser mit der BauO NRW – realistisch?

„Weder die erst kürzlich geänderte Musterbauordnung noch die formal außer Kraft getretene Krankenhausbauverordnung von 1976 genügen noch den heutigen Ansprüchen an ein modernes Krankenhaus. Eine sehr gute Hilfestellung zum Erstellen eines Brandschutzkonzeptes für Krankenhäuser bietet z.B. das VdS Blatt 2226 der VdS Schadensverhütung GmbH." (Schramm, 06.06.2017)

Diese Aussage aus einem Interview mit Herrn Peter Schramm (Brandschutzingenieur/Teamleiter, Firma Corall Ingenieure) ist eindeutig und beschreibt die missliche Lage von Brandschützern, Planern, Bauausführenden aber auch von Betreibern und Nutzern sowie Versicherern. Alle haben verschiedene Aufgaben und Interessenlagen. Eins ist jedoch bei allen gleich; das oberste Schutzziel des Personenschutzes in Brandfällen! Allgemein geregelt in §17, BauO NRW, sowie für Sonderbauten in §54, BauO NRW. Weiterhin beziehen sich die Ausführungen der BauO NRW und den beigefügten zusätzlichen Regelungen (z.B. BauPrüfVO) lediglich auf allgemeine bauliche Anlagen (wie in Kap. 6 aufgezeigt). Krankenhäuser als ungeregelte Sonderbauten müssen sich allerdings neben den Anforderungen des Gesetzgebers weitaus ausführlicher mit den Brandschutzmaßnahmen und differenzierter mit den Interessenslagen aller Beteiligten (Eigentümer, Nutzer, Versicherer, usw.) befassen (z.B. Schutz vor Betriebsunterbrechung → Sicherung des Personenschutzes = Grundgesetz; oder Ergänzungen zur BauO NRW nach Kap. 6.2).

Hier ist eine Beachtung der allgemeinen Regelungen der BauO NRW in der Praxis nicht mehr ausreichend!

Zur Schließung der gesetzlichen Lücke nach dem Wegfall der Krankenhausbauverordnung wurde bis heute für die Krankenhausplanung keine neue gesetzliche Regelung eingeführt. Dies macht es in der Praxis äußerst schwierig Brandschutzkonzepte für komplexe Bauwerke umzusetzen. Ohne klare Leitlinien und spezielle, auf Krankenhäuser bezogene, gesetzliche Anforderungen wird jedes Brandschutzkonzept individuell entwickelt.

Die Beteiligten bedienen sich aktuell an diversen Merkblättern sowie weiterhin der in 2009 außer Kraft getretenen KhBauVO NRW (Schulzki, 2017). Dazu hat beispielsweise die VdS Schadensverhütung GmbH als Interessensvertretung der Versicherungen das

VdS Blatt 2226 weiterentwickelt. Basierend auf den heutigen Erkenntnissen im Brandschutz enthält das Merkblatt Empfehlungen aus der Sicht der Schadensversicherer zu notwendigen Brandschutzanforderungen und Maßnahmen, die die Gefahren und Auswirkung von Bränden reduzieren sollen. Insbesondere fordern die Schadensversicherer im VdS Blatt 2226 ein ganzheitliches Brandschutzkonzept, beschreiben bauliche Brandschutzmaßnahmen und geben Hinweise für den Brandschutz für bestimmte Anlagen (z. B. Lüftungsanlagen und Stromversorgung), für besonders gefährdete Bereiche (wie OP, medizinische Großgeräte und Labore) sowie für den organisatorischen Brandschutz im Krankenhaus. (vgl.bvfa, 2014, S. 2 & ff.). Langfristiges Ziel war es, ein bundesweit anwendbares Kompendium für eine schutzzielorientierte Krankenhausplanung und Krankenhausbewirtschaftung zu schaffen.

8   Fazit: Der Bedarf einer einheitlichen Regelung!

Obwohl es verschiedene Merkblätter wie z.B. die VdS 2226 oder Richtlinien z.B. für
Lüftungen, Leitungen und weitere bauliche und haustechnische Anlagen gibt, gibt es
aktuell keine Vorschrift, die mit der Ausführlichkeit und Gesamtheit der ehemaligen
KhBauVO NRW zu vergleichen ist. In der Praxis wird also weiterhin auf die KhBauVO
NRW zurückgegriffen.

Das bedeutet zusammenfassend, dass ein einheitliches Minimum an Sicherheitsniveau
nicht eindeutig geregelt ist. Schutzziele sollten nicht nur inhaltlich definiert werden,
sondern es müssen auch geeignete Kriterien für die brandschutztechnische Verwirkli-
chung der Schutzziele aufgestellt werden.

Ohne eine einheitliche Regelung, die brandschutztechnische Anforderungen an die
Krankenhausplanung festlegt, gibt es meiner Meinung nach berechtigte Kritik am aktuell
geltenden Baurecht. So könnten beispielsweise zwei identische Krankenhäuser in
Deutschland, oder sogar innerhalb von NRW, errichtet werden, an die unterschiedliche
brandschutztechnische Anforderungen gestellt werden. Das wirkt sich besonders auf den
Kostenträger aus, der unterschiedlich stark in den Brandschutz investieren muss. Dies ist
nur schwer nachvollziehbar.

In der BauO NRW sind zwar die Schutzziele in §17 geregelt, es fehlt jedoch eine Regelung der notwendigen Mindestanforderungen über §54 der BauO NRW. In der Praxis
sind die Mindeststandards für den Brandschutz in Krankenhäusern teilweise niedriger
oder sogar ganz weggefallen (z.B. Entrauchung). (Prof. Reintsema (TH Köln, 2017)

Eine risikooptimierte Brandschutzlösung nach dem heutigen Stand der Technik wird,
trotz zumindest beim Neubau recht überschaubaren Mehrkosten, nur selten in Erwägung
gezogen und umgesetzt. Stattdessen werden Brandschutzkonzepte aus Kostengründen
nur zur Erfüllung der Standards ausgelegt. Ebenso problematisch ist der Fachkräfteman-
gel im Brandschutz. Fehlende einheitliche Regelungen führen zu unterschiedlicher Meinung in der Auslegung des Brandschutzes.

Meiner Auffassung nach wäre demnach eine überarbeitete Krankenhausbauverordnung
empfehlenswert, die sich an die bereits angepassten Krankenhausbauverordnungen aus
Brandenburg und Baden-Württemberg anlehnen könnte, um den aktuellen Stand der
Technik abzubilden.

Einen weiteren Ansatz verfolgt die VdS Schadensverhütung GmbH, indem sie versucht, den Brandschutz in Krankenhäusern über die Schadensversicherer voranzutreiben. Dabei wird an die Versicherer appelliert, brandschutztechnische Vorkehrungen zu fordern, die über die vermeintlich unklaren Anforderungen hinausgehen. Diese sollen bei der Krankenhausplanung berücksichtigt werden, damit das Krankenhaus von den Versicherern überhaupt gegen Brand- und Folgeschäden versichert wird.

In der Praxis stellt sich jedoch heraus, dass die Versicherer aufgrund der internationalen Konkurrenzsituation dazu ohne staatliche Unterstützung nicht in der Lage sind. Außerdem sind viele Krankenhäuser bereits privatisiert bzw. werden privatisiert.

(ECCLESIA), 2017)

Zudem sehe ich es als problematisch an, dass zur Umsetzung der im Vergleich zu den fehlenden gesetzlichen Grundanforderungen deutlich höheren Anforderungen aus den Richtlinien der VdS Schadensverhütung erhebliche Mehrkosten einzuplanen sind. Es stellt sich die Frage, ob private Unternehmen wie die VdS Schadensverhütung nicht zu hohe Anforderungen stellen, da sie als wirtschaftliches Unternehmen natürlich ihr Geld mit dem Brandschutz verdienen.

Zusammenfassend komme ich zu dem Ergebnis, dass die Problematik der mangelnden einheitlichen Regelung des Brandschutzes in modernen Kliniken und Einrichtungen ein unabsehbares Gefahrenpotential birgt. Der Brandschutzkonzeptersteller wird i.d.R. vom Krankenhausbetreiber beauftragt oder arbeitet bereits in der Planungsabteilung des auftraggebenden Bauamtes. Eine kostengünstige Erstellung des Brandschutzkonzeptes unter Einhaltung der gesetzlichen Grundanforderung ist gängige Praxis. Nichtsdestotrotz können ganzheitliche Brandschutzkonzepte, die die Risiken eines Brandfalles abschätzen und beispielsweise ingenieurmäßige Methoden anwenden, ein angemessenes Brandschutzniveau gewährleisten.

Trotzdem halte ich ein ergänzendes Regelwerk, das die brandschutztechnischen Anforderungen an die Krankenhausplanung in NRW festlegt, für zwingend notwendig. Empfehlenswert wäre meiner Meinung nach sogar eine bundesweit einheitliche Richtlinie.

Abbildungsverzeichnis

Tabellenverzeichnis

Literaturverzeichnis

AG Bau. (1998). *Struktur und Aufgaben.* abgerufen am 18.06.2017,
https://www.bauministerkonferenz.de/verzeichnis.aspx?id=762&o=759O762.
Bremen: Bauministerkonferenz.

Bachmeier, K. M. (2012). *Vorbeugender baulicher Brandschutz.* W.Kohlhammer GmbH.

Bachmeier, K. M. (2012). *Vorbeugender baulicher Brandschutz.* W.Kohlhammer GmbH.

BauONRW. (2014).

Bauprüfdienst. (2008). *Anforderungen an den Bau und Betrieb von Hochhäusern.*
Hansestadt Hamburg.

Bock&Klement. (2011). *Brandschutz-Praxis für Architekten und Ingenieure.*

Brandschutzconsult Spitthöfer GmbH. (2010). *FKT Veranstaltung NRW-Mitte.*

Brunner, S. (2011). *Brandschutz im OP.* abgerufen am 24.06.2017,
http://admin.bvfa.de/files/infothek/Themen/Brandschutz_in_KH/Stefan_Brunner_
Statement.pdf.

bvfa. (2014). *Schwerpunkt: Brandschutz in Krankenhäusern.* Bundesverband
technischer Brandschutz e.V.

DIN14011. (2012). *Begriffe aus dem Feuerwehrwesen.* Beuth.

DIN4102-1. (1998). *Brandverhalten von Baustoffen und Bauteilen.* Beuth.

ECCLESIA), C. (. (21. 06 2017). Privatisierung der Krankenhäuser.

Fiehn, A. (2009). Brandschutz im Krankenhaus. *Deutsche Ärzteblatt*(106(48) A-2431/B-
2091/ C-2031).

Fischer. (2004). *Juristische Anforderungen an das Bauen und den Brandschutz im
Bestand.* Frankfurt am Main.

Forplan. (20. 12 2017). *Forplan, Schutzzielparameter.* Von
http://www.forplan.de/schutzzielparameter.html abgerufen

Heintz. (1992). Rechtsurteil von 16.06.1954.

Heintz. (1992). *Von der Musterbauverordnung bis zur technsichen Richtlinie.*
Düsseldorf: VDI.

Innenministerium. (1990). *Hinweise über den baulichen Brandschutz in
Krankenhäusern.* abgerufen am 15.06.2017, http://docplayer.org/39642944-
Hinweise-des-innenministeriums-ueber-den-baulichen-brandschutz-in-
krankenhaeusern-und-baulichen-anlagen-entsprechender-
zweckbestimmung.html.

KomNet. (2015). *Brandschutz in Sonderbauten.* abgerufen am 21.06.2017.
https://www.komnet.nrw.de/_sitetools/dialog/10459: Landesinstitut für
Arbeitsgestaltung des Landes NRW.

Krankenhausbau-Verordnung (KhBauVO). (2009).

Messerer, J. (01/2009). Rettunsgwege in Pflegeheimen und Krankenhäusern., (S. S. 2).
München.

Musterbauordnung. (2002). Bund.

Peter. (2010). *Brandschutz- und Evakuierungskonzept in Krankenhäusern.* abgerufen
am 13.06.2017, http://www.eval.at/fp10/pdf/peter.pdf.

PlantechGmbH. (2015). *Brandschutzkonzept-Brandschutzgutachten.* abgerufen am
23.06.2017, http://www.plantech-gmbh.de/cms/front_content.php?idcat=39.

Prof. Reintsema (TH Köln, b. u. (26. 06 2017). Schutzziele für den Brandschutz in
Krankenhäsuser.

Reintsema, J., & Hartung, C. (2000). *Brandschutz im Krankenhaus.*

Schramm. (06.06.2017). *Kommentar.* Teamleiter Corall Ingenieure.

Schulzki, B. S. (05. 12 2017). Brandschutzkonzepte in der Praxis.

Statistische Ämter des Bundes und der Länder. (2010). Demografischer Wandel in
Deutschland.

Statistisches Bundesamt. (kein Datum).

vfdb. (1999). *Brandschutzkonzept.* Vereinigung zur Förderung des Deutschen
Brandschutzes e.V.

Vismann. (2012). *Bautechnische Zahlentafeln 34. Auflage.* Wendehorst.

BEI GRIN MACHT SICH IHR WISSEN BEZAHLT

- Wir veröffentlichen Ihre Hausarbeit,
  Bachelor- und Masterarbeit

- Ihr eigenes eBook und Buch -
  weltweit in allen wichtigen Shops

- Verdienen Sie an jedem Verkauf

Jetzt bei www.GRIN.com hochladen
und kostenlos publizieren